真是令人大开眼界呀！

08 鸟

［法］安娜－贝内迪克特·施维贝尔 编　梁李 译

中信出版集团 | 北京

图书在版编目（CIP）数据

真是令人大开眼界呀！. 08, 鸟 /（法）安娜 - 贝内迪克特 · 施维贝尔编；梁李译. -- 北京：中信出版社，2023.11

ISBN 978-7-5217-5850-4

Ⅰ. ①真… Ⅱ. ①安… ②梁… Ⅲ. ①科学知识 - 儿童读物②鸟类 - 儿童读物 Ⅳ. ① Z228.1 ② Q959.7-49

中国国家版本馆 CIP 数据核字（2023）第 120247 号

真是令人大开眼界呀！ 08 鸟

编　　者：[法] 安娜 - 贝内迪克特 · 施维贝尔
译　　者：梁李
出版发行：中信出版集团股份有限公司
（北京市朝阳区东三环北路27号嘉铭中心　邮编　100020）
承 印 者：北京尚唐印刷包装有限公司

开　　本：889mm × 1194mm　1/16　　印　　张：3　　字　　数：73千字
版　　次：2023年11月第1版　　印　　次：2023年11月第1次印刷
京权图字：01-2023-1613
书　　号：ISBN 978-7-5217-5850-4
定　　价：398.00元（全20册）

出　　品：中信儿童书店
图书策划：小飞马童书
总 策 划：赵媛媛
策划编辑：白雪
责任编辑：许美琳
营　　销：中信童书营销中心
美术设计：谢佳静
内文排版：王莹

服务热线：400-600-8099
投稿邮箱：author@citicpub.com

目 录

第一部分 故事篇 / 2

长故事 鸟类歌唱家 / 2
访谈 布赖恩 · 帕里斯受访记 / 12
短故事 邦比和高里　鸟儿的丸子 / 14
真实的故事 咕咕叫的勇敢警探 / 16
连载故事 失踪之谜与果酱　第四回 / 18

第二部分 游戏篇 / 20

游戏 1 各种各样的鸟 / 20
游戏 2 鸟的食欲 / 22
游戏 3 鸟类的迁徙 / 24
游戏 4 叮！手工时间到了！ / 27
游戏 5 没有结局的故事 / 32
游戏 6 救救鸟类 / 34

第三部分 五花八门 / 36

职业万花筒 猎鹰训练师 / 36
科学实验室 会弹跳的鸡蛋 / 38
佳片放映室 小鸡快跑 / 40
手工创意坊 西非播棋 / 42

游戏答案 / 44

我是乔治，我出现在书中的各处，准备和你一起阅读。

■ 长故事 ■

鸟类歌唱家

文本与绘图：耶雷米·菲舍尔

这个故事发生在一个遥远的星系。在宇宙大发现时期，地球人从一个星球跑到另一个星球，在月球和太阳这样的天体间遨游，并且很享受这种新的星际旅游。

一个十分偶然的机会，人们发现了一颗新的星球……

这个星球上住满了性情温和、高度进化的鸟类。
它们好奇地欢迎地球人的到来。

它们的模仿能力和学习能力超强，因此，它们很快
就学会了地球人的语言，能够和地球人进行交流。

这是一个自由的民族，它们既没有国王也没有王后。它们热衷于打扮，喜欢歌唱，通常从鸟冠和羽毛发出声音。

所有的鸟都醉心于两大乐趣：歌唱和哲学。

地球人把它们叫作会唱和声的鸟类歌唱家。

它们请人类品尝香甜的花蜜。

它们为人类举办了一场欢迎仪式。它们的歌声美妙动听、无与伦比。

如此奇闻趣事引起了地球人类政府部门的重视。

于是，政府部门决定租用一艘特殊的飞船，邀请鸟类歌唱家们来地球。

出于好奇的本性，在这些爱唱歌的鸟儿中，有一支小分队接受了地球人的邀约，趁此机会开启了一段美妙的星际旅行。

到了地球，鸟类歌唱家们举行了很多场音乐会，受到了疯狂的追捧。

随后，它们就飞走了，壮丽地飞走了，去探索地球。

它们飞越了地球上最高的山峰。

它们飞过了许多大海。

它们经历了不少奇遇。

乌类歌唱家们一完成环球旅行，就飞回人类居住的城市中，看望人类。

人们对它们一如既往地热烈欢迎。

乌类歌唱家们讲述了它们传奇的地球之旅。

人类简直无法相信自己的耳朵。他们已经很长时间没有仰望星空，星空是如此高远……

鸟类歌唱家们即将踏上回归的旅途，人类从四面八方赶来欢送，而鸟儿们承诺有朝一日将重返地球……

布赖恩·帕里斯受访记

文本与绘图：耶雷米·菲舍尔

乔治采访了布赖恩·帕里斯，他扮演《鸟类歌唱家》中的一只鸟，下面就是和这只美丽、自负的鸟儿的对话。

鸟类歌唱家们是外星球的鸟，你是不是第一次出演科幻片中的角色？

布赖恩　不是，这不是第一次，也绝对不会是最后一次。你注意到我轻松自然的表演、我的优雅和敏捷的行动没有？我是个职业演员。很自然，人们提议由我来饰演博库——这个故事中最帅的鸟类歌唱家！另外，我经常身负重任，饰演一些非凡的角色，比如在《侏罗纪公园3》中我演了一只翼龙，在嘴里放着非常尖锐的假牙，我非常投入这个角色。

你喜欢出演喜剧吗？比方说《皮苏》。

布赖恩　事实上，我一直梦想着扮演贡特兰，唐纳德的表弟，这是《皮苏》中最帅气、最聪明的角色。可是这个角色已经从我眼皮子底下溜走了，最后是我哥哥得到了它。我俩都算是家族中长得帅的。不过我还是在喜剧中扮演过一个角色的，是《傻豆》。我不想过多谈论，因为人们整天都在让我讲啊，讲啊！我已经剧透得够多了，我可不喜欢这样！导演一直说：“我们能弄得复杂一点儿，干吗简单化？”多么荒谬的想法。

《鸟类歌唱家》里的故事发生在未来，你有没有考虑过将来还会有什么样的故事发生呢？

布赖恩　当然想过！不过还得找一些高素质的演员来演绎这些故事，因为我到那个时候已经不在了。

谈谈稍微近一点儿的将来吧。你的下一步计划是什么呢？

布赖恩　我在等待下一个角色。但是，我会很挑剔的，因为我在《鸟类歌唱家》中的演出已经获得了大众的关注。从那以后，我收到了很多粉丝的信，我开始和地方上的杂志合作，我都有点儿应接不暇呢！你知道吗？你可是为数不多的能采访到我的记者。你挺幸运的。

最后，听说故事中的人物都顶着个“大头”，你认为这样合理吗？

布赖恩　对于某些角色来说，这是合理的！例如，蓝精灵有一个“大头”，或者说有一个小身体，我不太清楚应该怎么说……人们经常说我顶着个“大头”。顺便说一下，我真的不明白，你也许会同意我的看法，因为我的头并不算很大，它与我理想中的身材非常配！

“很自然，
人们提议由
我来饰演博
库——这个
故事中最帅
的鸟类歌
唱家！”

邦比和高里

鸟儿的丸子

文本与绘图：玛丽·诺维昂

尝起来没啥味道！
你疯了吗?!
有点儿像黄油加了谷粒的味道，感觉很糟糕。
可怜的小鸟。
我们是不是可以改善一下配方？
好哇，看看你身后的壁橱柜，那里边总是有很多好东西。
看看，看看，壁橱柜里有茶……
还有咖啡。
啊，有巧克力酱！
好！那就来点儿！
给鸟儿们来点儿巧克力酱！
巧克力酱
行，加吧，好像在做牛奶巧克力。要多加一点儿。
很快，这个街区的所有鸟儿将会疯狂地爱上咱们的这个新配方！
加了之后，一定要搅拌！
我们把这个叫作
巧克力脆脆吧！
呀呀！
我们要努力提高鸟儿们的生活质量，让它们觉得生活更甜蜜！
当然，当然。你尝尝？
完

咕咕叫的勇敢警探

文本：樊尚·雅多 绘图：塞维里·米耶

一提到警探，人们常想到的是詹姆斯·邦德，或是特工OSS 117。一直以来，动物中也有临危不惧的特工。你听说过这位勇敢的战士吗？

特工并非都是这种固定的形象：穿着笔挺的西装，有着发达的胸肌。比如说，我们神勇的咕咕警探，它体重不足300克，羽量适中，有着锐利的目光，执行任务时能有个水坑匆匆解渴就已心满意足。你可能会说，对于一只鸽子来说，这不是很正常的事吗？再告诉你一个细节，这只战鸽在法国对战德国的战争中发挥了重要的作用。

在第一次世界大战期间，法国军队利用鸽子来送信，把后方指挥部的命令送给前方作战部队。在当时无线电通信不够完备的情况下，鸽子发挥了重要作用。士兵们把信息写下来并塞进一个小管子里，然后将小管子系在鸽子的腿上。有些鸽子甚至携带了延时相机，监视敌人的营地。

在鸽子飞行的过程中，它们不惧怕任何东西，无论是发生了爆炸，还是遇到催泪性毒气，它们仍旧能够飞行并到达目的地。为了拦截这些英勇的鸽子，德国军队曾训练猛禽。空战有时发生在飞禽之间。

1916年6月4日，法军军官雷纳尔及其部队被困在凡尔登的一个要塞里，似乎败局已定。他们最后的希冀全寄托在战鸽上。一只名叫瓦利安特、编号787-15的鸽子，携带了一份只有潦草的几行字的情报，最后扭转了战局。它将情报送达时已经疲惫不堪。瓦利安特被誉为战斗英雄，获得褒奖，其中包括十字勋章。在沃克斯堡立有一块牌匾，就是为了纪念瓦利安特和其他参战的鸽子。瓦利安特在鸽舍幸福快乐地享受它的退役生活。它的事迹甚至激发人们创作了一部动画片——《战鸽总动员》！

第四回

揭穿阴谋，结案在即

为了守住樱桃果酱配方的秘密，
工厂经理让一名员工
绑架了吉内特……

文本与绘图：玛丽·米尼奥

我发现果酱厂隐瞒了真实的果酱原料成分。
果酱厂在果酱配方中加了厕所洗涤剂、着色剂、熔化的鞋底，甚至含放射性物质的水母明胶！
呸！
啊！
几天之后……
好了，好了，结案了！
果酱厂的经理，跟他那个叫罗伯的同伙都进了监狱！
那果酱厂怎么办呢?
果酱厂好像已经被人收购了吧。
果酱厂现在改为生产自行车轮胎了，用原先制作果酱的原料！
没有人因此而失业！
结局还算圆满！
头儿，您的脸色也好多了！
丁零零零！
头儿，我们的活儿又来了！一只秃头的雪地鸟神秘地掉光了身上所有的毛，人们把它当成了一只得了白化病的鹦鹉。
完

■ 游戏1 ■

各种各样的鸟

绘图：瓦西姆·布塔莱博·J.

A. 观察上图中的所有鸟，为它们选择正确的名字。（不要相信它们所说的话，因为话框的位置是错乱的。）

猫头鹰_____ 公鸡_____ 火烈鸟_____ 鹮_____ 无翼鸟_____ 海鸥_____

孔雀_____ 鹦鹉_____ 鸽子_____ 企鹅_____ 母鸡_____ 秃鹫_____

B. 现在，找到每种鸟所说的话。

C. 乔治写了一篇关于鸟类的小短文，但是他没有仔细阅读，请帮他修改一下。用词不当的地方已经标记为蓝色，大家可以用下列词语来替换运用不当的词语：**动物 / 建造 / 体表 / 喙 / 鸟巢 / 蛋 / 跗跖 / 羽毛/ 飞翔。**

鸟类是世界上现存唯一一种体态覆盖着毛发的昆虫。现代鸟类长着一个没有牙齿的嘴。鸟类的腿以下到趾之间的部分叫作羽绒。鸟是卵生动物。为了保护它们产下的婴，它们会事先根据其所处环境（树木、岩石、地面等）来锻造它们的公寓。大部分鸟都能飞扬。

■ **游戏2** ■

鸟的食欲

绘图：戈薇

乔治为碎碎谷物店做了一份广告单，这家店铺销售各类鸟食，不是所有的鸟都吃一样的东西。

A. 这里有3类遵循某一饮食规则的动物，请将它们与右侧的说法连线。

1 草食动物

2 肉食动物

3 杂食动物

a 吃各种动物、植物

b 吃肉类

c 吃草、蔬菜等

B. 借助下页的广告单，稍稍计算一下，完成下面的句子。

1. 一只秃鹫如果想购买3千克的骨头，需要_____根羽毛和______颗石子。
2. 一只海鸥如果想购买1千克的鱼和1千克蔬菜，需要_____根羽毛和______颗石子。
3. 一只猫头鹰如果想购买2只老鼠，需要_____根羽毛和______颗石子。
4. 一只绿头鸭如果想购买3只青蛙、2个水果、3千克蔬菜，它用了折扣券（见广告单右下端），那么它需要支付_____根羽毛和______颗石子。

C. 有些鸟儿也吃鼹鼠、昆虫的幼虫、啮齿目动物、橡子、橄榄……请帮碎碎谷物店设计其中三种新进食品的广告吧。

碎碎谷物店
健康食品
打折销售
蛇
1.25 根羽毛/条
5折销售
水果
2.00 颗石子/个
鱼类
3.75 根羽毛/千克
蔬菜
0.50 颗石子/千克
虫子
1.50 颗石子/千克
青蛙
1.00 根羽毛/只
骨头
2.50 根羽毛/千克
小型哺乳动物
5.00 根羽毛/只
促销
老鼠
买一送一
谷粒
0.35 颗石子/千克
剪下此券
下次购买
减免1根羽毛

■ 游戏3 ■

鸟类的迁徙

绘图：马蒂亚斯 · 马兰盖伊格瓦

许多鸟类都会进行季节性迁徙。比如，燕子会在第一次寒潮到来之前迁徙越冬。

A. 关于这个主题，乔治对自己所掌握的信息不是很确定，请帮他选出下面几个题目的正确答案。（有的题目有两项正确答案。）

1. 燕子在第一次寒潮到来前迁徙，主要是因为：

☐ a. 气温开始下降。

☐ b. 它们能捕食的飞虫变少了。

☐ c. 它们比较喜欢和犀牛在一起度过年末的节日。

2. 燕子在出发前：

☐ a. 它们只吃胡萝卜，这是为了长出能在太阳下飞行的羽毛。

☐ b. 它们吃得比之前少，这是为了使体态轻盈。

☐ c. 它们吃得更多，这是为了储存脂肪（这是它们迁徙途中的“燃料”）。

3. 生活在法国的燕子，为了到达中非，它们不得不飞越：

☐ a. 地中海。

☐ b. 北极地区。

☐ c. 撒哈拉沙漠。

4. 在初春，燕子回到法国，然后：

☐ a. 建造鸟窝、过冬。

☐ b. 建造鸟窝、产卵。

☐ c. 对狐狸讲述旅行的故事。

5. 燕子面临危机，数量连年减少，它们必须得到保护，因为：

☐ a. 没有燕子，人们不知道春天的到来。

☐ b. 没有燕子，犀牛只好独自过节。

☐ c. 燕子在保持生态平衡中起到很重要的作用，它们会消灭害虫（苍蝇、蚊子等），这些害虫会给人类带来危害。

B. 燕子们准备南飞了，请你帮助燕子吉赛尔回到它的团队中，它的同伴们正在迁徙总起点等待它。

C.从法国南迁的燕子在非洲的几个国家过冬，请根据提示写出这些国家以及它们首都的名字吧！

a. 国家：按英文字母的顺序，用所给字母的下一个字母来替换这些字母即可得到该国的英文名称。

b. 首都：按英文字母的顺序，用所给字母的前一个字母来替换这些字母即可得到该国首都的英文名称。

国家： B Z L D Q N N M

首都： Z B P V O E F

国家： F Z A N M

首都： M J C S F W J M M F

国家： B D M S Q Z K　Z E Q H B Z M　Q D O T A K H B

首都： C B O H V J

猜一猜它们的中文名称是什么吧！

■ 游戏4 ■

叮！手工时间到了！

棋盘游戏

小朋友们，
在你们开始一局之前，
请先准备好一个骰子和两个棋子，
当然必须得有两个玩家哟！

在开始之前，请先剪下这两页，用透明胶带把它们粘在一起，再把它们粘贴在一块比较硬的纸板上。（玩之前请先阅读第30页的游戏规则。）

5
6
7
8
9
10
11
12
13
14
青蛙
15
16
17
18
19
20
21
22
41
42
43
44
45
46
47
48
49
50
51
52
53

游戏规则

游戏要用到一个骰子，每人一个棋子。每人轮流掷一次骰子。玩家以投出的骰子数字为前进的步数。谁先准确地到达数字63的格子，谁就赢得此局。若掷出的数字超出到达终点的步数，请再掷一次。若还是这种情况，则轮到对方掷骰子。

如果棋子落在与对手同样的格子里，那么，对方将被打回到原先他所在的格子。若退回到了特殊的格子，不重复执行特殊格子的指令。

特殊的格子：

· 青蛙格子（14和32）：你可以向前连跳三格。
· 战鸽格子（18、36、45和56）：你可以再前进一次同样的步数。
· 格子6：乘坐飞船直接到格子12。
· 格子19：你因摔伤腿去了医院，要停掷一轮。
· 格子31：你落水了，需要掷骰子直到得到数字6才能前进。
· 格子40：狐狸给你指出捷径，你直接到达格子46！
· 格子42：你在迷宫中迷路了，倒退到格子30。
· 格子52：你落入了笼子，停止掷骰子两轮。
· 格子58：你遇到了麻烦，碰到了难啃的骨头！你得从头开始。

有兴趣的话，请找一找这个游戏中格子里的截图来自书中的哪些页面。

小朋友们，

继续游戏吧！

■ 游戏5 ■

没有结局的故事

绘图：法妮 · 博朗

1

2

5

6

乔治发现了凤凰，传说它是一种每五百年都能浴火重生的神鸟。

A. 右边书写的是凤凰菲尼克斯穿越的时代，请找出每个时代所对应的图画和年份。

当代	图画 ___ •	• 1516年
中世纪	图画 ___ •	• 1833年
古希腊时代	图画 ___ •	• 1117年
未来	图画 ___ •	• 公元前1518年
19世纪30年代	图画 ___ •	• 2802年
19世纪末	图画 ___ •	• 2023年
史前	图画 ___ •	• 公元前30000年
文艺复兴时期	图画 ___ •	• 1899年

3

4

7

8

B. 在下面的截图中，找出与8幅原图不相符的选项。

a

b

c

d

e

f

■ **游戏6** ■

救救鸟类

绘图：安娜·埃姆斯泰

乔治有一个表姐，名叫法哈，她说人类的行为对自然造成了一些破坏，因此，某些鸟类正面临着灭绝的危机。

A. 下面有一些描述，请分别找到相对应的鸟，并把序号填在括号里。

描述：

a. 阿拉里皮娇鹟： 头顶有红色的羽毛。 （ ）

b. 泰国八色鸫： 有黑色、蓝色、黄色、白色、褐色的羽毛，以及粉红色的爪子。 （ ）

c. 长冠八哥： 有白色和黑色羽毛，羽冠为白色，眼睛周围为蓝色。 （ ）

d. 叉扇尾蜂鸟： 仅有四根尾羽，其中两根像球拍的形状。 （ ）

e. 斯比克斯金刚鹦鹉： 全身呈蓝色的鹦鹉。 （ ）

f. 食猿雕： 它头上的羽毛看上去就像被风吹起来了。 （ ）

g. 红腿三趾鸥： 拥有一双鲜红色的爪子，格外醒目。 （ ）

h. 吸蜜鸟： 有黄黑色的羽毛和伸缩自如的长舌，舌尖如刷子，用来吸取花蜜。 （ ）

i. 秃鹮： 面部呈红色，红色的喙稍稍向下弯曲。 （ ）

B. 图中只有一只鸟是单个的，其余的鸟都是成对的，单个的是哪一只呢？

C. 下面哪一只鸟的剪影与第4号鸟完全符合？

1
2
3
4
5
6
7
8
9

■ 职业万花筒 ■

猎鹰训练师

文本：樊尚·雅多 绘图：斯特凡妮·拉纳

乔治不是一个胆小鬼，但是当“大公爵”鸟直勾勾地盯着他时，他感到很没有安全感。埃莱里·约翰逊与这只大鸟一起来欢迎他，这给了乔治一点儿安慰。

当你小的时候，你梦想的职业是什么？

埃莱里 之前我常常想成为一名小学教师，像我妈妈一样，但是并没有真正下定决心。

你生活在布列塔尼，为什么你说话却带着很浓的英国口音？

埃莱里 因为我来自英国。

你是怎样产生要成为猎鹰训练师的想法的？在英国，你遇到了一只猎鹰，然后你就想要训练它，是吗？

埃莱里 不，我遇到了保罗，他后来成为我的丈夫。当时我们都在警察局工作。

你对猛禽的兴趣是在工作当中培养起来的？

埃莱里 保罗当时对猛禽充满热情。这是他的爱好之一。很多英国人都会训练猎鹰。

那你为什么又到了法国？开始培育、训练猎鹰、猫头鹰……

埃莱里 我俩都梦想生活在布列塔尼，开展与鸟类相关的工作。所以，我们从警察局提前退休，带着我们的三个孩子来到这里定居。我们热衷的事情成了我们的事业：训练猎鹰。

猎鹰训练师都要做些什么？

埃莱里 我与保罗一起培育不同的猛禽品种，并在节庆期间提供鸟类飞行表演。我们也喜欢在教室里把它们介绍给孩子们。我们也会介入一些令人恐慌的事件。

令人恐慌的事件？

埃莱里 在一些鸟类或害虫带来问题的地方，我们会带着我们的猛禽去进行一些干预。特别是在机场，如果出现太多的鸟可能会导致事故。

你们的这些猛禽会吃那些带来危害的鸟和老鼠吗？

埃莱里 它们只是在那些地方出现一下，成群飞过，吓唬那些鸽子、燕子、鸥、害虫，很少发动攻击。如果它们饿了，它们会飞回到我们身边寻求食物。

在野外，它们会猎食吗？

埃莱里 一些小鸟会为了快乐而飞翔，而猛禽却不会这样，当它们飞翔时，一般是在觅食和捕猎，因为它们为之付出很多。你难道看到过栖息在树桩上等待猎物的猎鹰？

对你而言，这是一种宠物？

埃莱里 不，当然不是。我们照顾它们，让它们去飞翔。纵然我们很宠爱它们，它们也不会黏人，就像其他一些家禽一样。它们和宠物不一样。

哪一只是你偏爱的呢？

埃莱里 毫无疑问，就是这只“大公爵”了！它高高地俯视你，眼中却带着敬意。它会吓唬大大小小的鸟儿们。

▪ 科学实验室 ▪

会弹跳的鸡蛋

绘图：斯特凡妮·拉纳

今天在实验室，乔治将做一次实验，本次实验可能会让你感到惊讶。事实上，谁会相信，只要花费一点点的耐心，就可以使鸡蛋弹跳起来呢？

材料

- 鸡蛋
- 玻璃杯
- 醋

实验步骤：

1. 实验可以从上午11点开始，将鸡蛋放到玻璃杯子里，然后倒满醋。

2. 大约8个小时之后，也就是下午7点左右，用清水冲洗鸡蛋。外表被清洗干净后，再一次把鸡蛋放进另一个装满醋的杯子里。

3. 8到15个小时之后（比如第二天早晨8点），蛋壳已经完全消失了。再一次清洗鸡蛋，要轻轻地用清水清洗。

4. 鸡蛋准备好了！让鸡蛋从近5厘米的高度落在一个光滑的表面上（乔治强烈建议在厨房的洗碗槽里这么做），鸡蛋跳起来了！再试一次，尝试落下的高度可以一次比一次高，不过不要超过20厘米，否则鸡蛋容易摔坏。

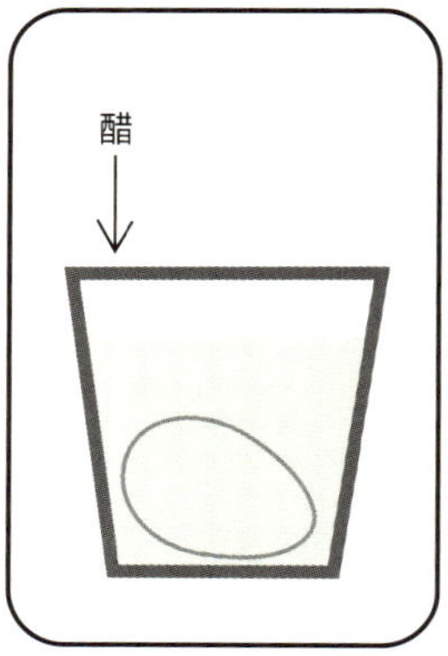

实验结果：

当我们将鸡蛋放入醋里，会出现小气泡，这是由于产生了化学反应，醋开始溶解蛋壳（主要成分为碳酸钙）。大约16个小时之后，除了留有一些色斑之外（在清洗时将被去除），蛋壳几乎都消失了。鸡蛋变大了，因为它吸收了液体。现在，鸡蛋便可以弹跳了。

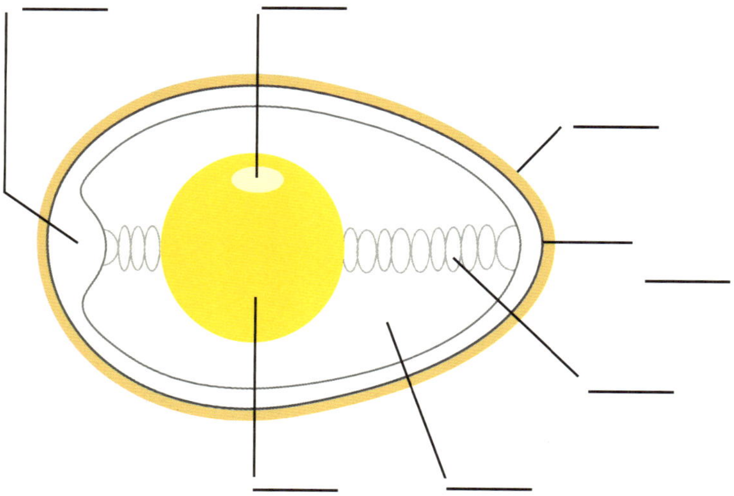

现在，请帮助乔治完成左边的示意图，为各部位选择正确的名称。

1. 蛋黄

2. 系带

3. 气室

4. 蛋白

5. 蛋壳

6. 蛋壳膜

7. 胚盘

嘣！

小鸡快跑

绘图：斯特凡妮·拉纳

《小鸡快跑》是一部动画电影，由彼得·洛伊德和尼克·帕克执导，该片讲述了一群养鸡厂的母鸡不甘心被做成鸡肉馅饼而奋力出逃的故事，母鸡们决意改变她们的命运……

故事梗概：

特威迪夫妇是一对可恶的农场主，决定把农场的鸡做成馅饼，在此之前，他们准备先狠狠地喂胖母鸡们。母鸡姜季正在为所有的母鸡寻求逃生之计。此时，一只据说会飞的公鸡洛基，偶然地降落到了这个农场，于是，姜季向他寻求帮助。

角色：

- **姜季**：一只勇敢的母鸡，她千方百计寻求自救的方法。
- **洛基**：一只轻浮和喜欢夸夸其谈的公鸡（但是有一副好心肠）。
- **贝尔娜戴特**：一只母鸡，很天真，总是不停地织毛衣。
- **普拉**：农场的公鸡，年纪略大，脾气也大，对于战争啰啰唆唆。

服装：

大部分母鸡，甚至公鸡洛基，都在脖子上系一条围巾，姜季还头戴一顶绿色的帽子。

拍摄：

本场景发生在鸡舍，洛基被母鸡们收留，他在众多母鸡中恢复知觉，母鸡们对于他的出现感到十分兴奋。

台词：

洛基： 我们从头开始说，我这是在哪里？

姜季： 你说得没错，我们太没礼貌了，我们只是太兴奋了。呃……你在养鸡场。

贝尔娜戴特： 母鸡，我们都是母鸡。（她向洛基眨了眨眼睛。）

洛基： 哦，明白了。养鸡场，母鸡……

普拉： 我可一点儿都不喜欢这个家伙，他的两只眼睛长得太靠近了！（普拉用拐杖指着洛基的脸。）

姜季： 普拉，别这样。

普拉： 他还是个美国佬！（普拉用拐杖戳了戳洛基。）

洛基： 老爷子，咱们安静安静，在我的国家，公鸡之间禁止争斗。

贝尔娜戴特： 你来自哪里呢？

洛基： 哦，我来自一个小地方，我形容它是自由的摇篮、勇士的故乡。

一只母鸡： 苏格兰！

洛基： 不是……是美国！

所有的母鸡： 哦！美国！

普拉： 美国来的，快走开！对于世界大战，总是慢半拍的家伙！背负高额消费、营养过剩、兴奋过度的美国佬！借过！（他走出鸡舍。）

洛基： 这老爷子，谁招惹他了？

姜季： 呃……先生，总有人会惹到他。

洛基： 我叫洛基，来自罗得岛的洛基·罗德，叫我罗德也行。

一只母鸡（拿着一个杯子。）**：** 洛基·罗德？

洛基（接过那个杯子。）**：** 很吸引人，不是吗？

姜季： 呃，罗德先生，这是您吗？（她向他展示了一张有他照片的画报，上面写着“飞鸡洛基”。）

洛基： （突然显得不安。）为什么这么问？

姜季： 因为我们正处在一个绝望的境地，如果这真的是您，那么，是老天爷送您过来的。（当母鸡们都充满希望地看着他的时候，他显得有一丝不安。）

洛基： 好吧，那么，是这样的，告诉你们，我就是一个奇迹，因为那就是我！

（母鸡们开始鼓掌和咯咯叫。）

西非播棋

绘图：斯特凡妮 · 拉纳

西非播棋是一种在非洲非常有名的游戏，乔治将教大家制作这种棋。

材料：

- 有12个格子的蛋盒
- 清漆
- 油彩
- 48颗大谷粒

步骤：

1. 用油彩装饰蛋盒的内部和外部，然后把它晾干。

2. 在盒子内外涂上一层清漆，使其有光泽。

3. 一旦盒子完全干燥，游戏就可以开始了！

游戏规则（2人对弈游戏）：

游戏目的：收获最大量的谷粒

• 准备：

在每一个棋洞里放4颗谷粒。

每个玩家把位于自己面前的6个棋洞作为自己的营地。

• 游戏的过程：

玩家轮流玩，谁先开始是随机的。玩家取出自己营地中某个棋洞里的所有谷粒，然后按照逆时针方向在随后的棋洞里一个一个“播种”（参见下页图）。

• 单次收获：

如果最后一颗谷粒落在对方玩家的棋洞里，造成洞里谷粒数量达到2或3，则玩家可以把该洞的全部谷粒取走（放在一旁，盒子外边）。

• 多次收获：

当玩家取走对方营地某个棋洞里的2颗或3颗谷粒之后，若对方营地中该棋洞的上一个洞中的谷粒数目也是2或3，则同样取走，以此类推。

如果起始棋洞中超过 11颗谷粒，那么播种时再次经过这个洞的时候，你必须跳过它，不要再把谷粒放进去。

• 喂食：

你不能饿死对手！

玩家没有权利一次性收走对方所有的谷粒。如果碰到这种情况，玩家可以给对方留下一颗谷粒。

如果对手的棋洞都空了，那么，玩家需要重新投放，让对方的阵营中至少保留一颗谷粒。

• 游戏结束：

当一方玩家的阵营中没有谷粒了，游戏不能继续（对手在上一次播种时也无法给予你谷粒），这种情况下，对手收回阵营中的谷粒。

双方来回播种，当双方都不可能再收获谷粒时，双方玩家各自取回自己阵营的谷粒。

玩家选择的棋洞

播种示意图

游戏答案

这就是封面和封底的

7个不同之处：

游戏1 各种各样的鸟

A. 猫头鹰：2。公鸡：4。火烈鸟：9。鹮：3。无翼鸟：12。海鸥：1。孔雀：5。鹦鹉：8。鸽子：7。企鹅：10。母鸡：6。秃鹫：11。

B. 1：I。2：F。3：G。4：K。5：L。6：B。7：E或者J。8：J或者E。9：D。10：A。11：H。12：C。

C. 鸟类是世界上现存唯一一种**体表**覆盖着**羽毛**的**动物**。现代鸟类长着一个没有牙齿的**喙**。鸟类的腿以下到趾之间的部分叫作**跗跖**。鸟是卵生动物。为了保护它们产下的**蛋**，它们会事先根据其所处环境（树木、岩石、地面等）来**建造**它们的**鸟巢**。大部分鸟都能**飞翔**。

游戏2 鸟的食欲

A.

1 草食动物	c 吃草、蔬菜等
2 肉食动物	b 吃肉类
3 杂食动物	a 吃各种动物、植物

B. 1. 需要7.5根羽毛和0颗石子。2. 需要3.75根羽毛和0.5颗石子。3. 需要5根羽毛（因为有买一送一的活动）和0颗石子。4. 需要2根羽毛和5.5颗石子。

游戏3 鸟类的迁徙

A. 1. a和b。2. c。3. a 和c。4. b。5. c。

B. 吉赛尔应该走第4条路线。

C. 黄色：Cameroon（喀麦隆），Yaoundé（雅温得）。绿色：Gabon（加蓬），Libreville（利伯维尔）。玫瑰色：CentraL African Republic（中非共和国），Bangui（班吉）。

游戏5 没有结局的故事

A.

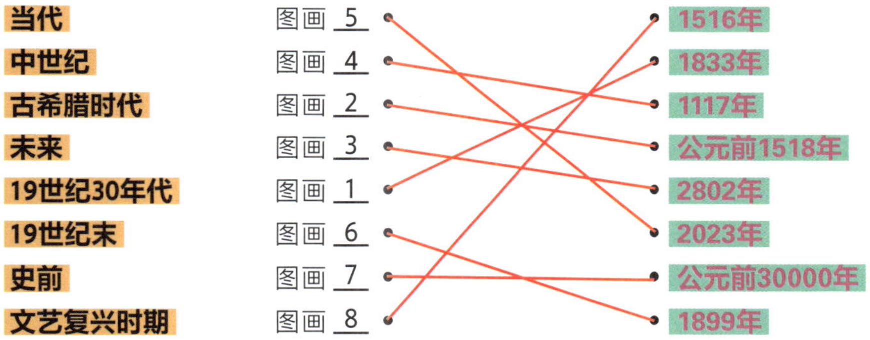

B. c中的墙砖与原图不相符。

游戏6 救救鸟类

A. a：3。b：8。c：4。d：6。e：1。f：5。g：7。h：9。i：2。

B. 叉扇尾蜂鸟（第6号）。

C. 选项4的剪影与第4号鸟完全符合。

科学实验室 会弹跳的鸡蛋

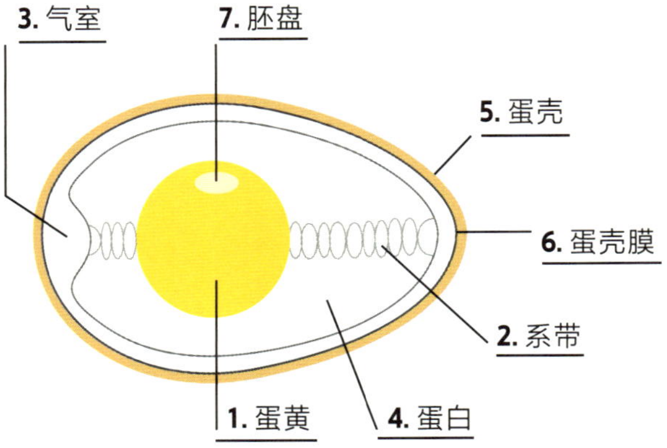

真是令人大开眼界呀！

07 手表

[法] 安娜－贝内迪克特·施维贝尔 编　梁李 译

中信出版集团 | 北京

图书在版编目（CIP）数据

真是令人大开眼界呀！.07，手表／（法）安娜－贝内迪克特·施维贝尔编；梁李译．--北京：中信出版社，2023.11
ISBN 978-7-5217-5850-4

Ⅰ．①真… Ⅱ．①安… ②梁… Ⅲ．①科学知识－儿童读物②手表－儿童读物 Ⅳ．① Z228.1 ② TH714.52-49

中国国家版本馆 CIP 数据核字（2023）第 120245 号

真是令人大开眼界呀！ 07 手表

编　　者：[法] 安娜－贝内迪克特·施维贝尔
译　　者：梁李
出版发行：中信出版集团股份有限公司
（北京市朝阳区东三环北路27号嘉铭中心　邮编　100020）
承 印 者：北京尚唐印刷包装有限公司

开　　本：889mm × 1194mm　1/16　　印　　张：3　　字　　数：73千字
版　　次：2023年11月第1版　　印　　次：2023年11月第1次印刷
京权图字：01-2023-1613
书　　号：ISBN 978-7-5217-5850-4
定　　价：398.00元（全20册）

出　　品：中信儿童书店
图书策划：小飞马童书
总 策 划：赵媛媛
策划编辑：张婷
责任编辑：许美琳
营　　销：中信童书营销中心
美术设计：谢佳静
内文排版：王莹